RESIDUO
cero

365 CONSEJOS PARA REDUCIR, REUTILIZAR Y RECICLAR

RESIDUO
cero

365 CONSEJOS PARA REDUCIR, REUTILIZAR Y RECICLAR

ERIN RHOADS

cincotintas

INTRODUCCIÓN

Durante los últimos ocho años, he observado que el estilo
de vida enfocado a la producción mínima de residuos se
ha convertido en un movimiento cada vez más popular.
A diferencia de las iniciativas medioambientales como
los impuestos sobre el carbón, difíciles de calcular para el
ciudadano de a pie, los cambios que provocamos al optar por
un estilo de vida sin residuos son fáciles de observar y medir.
Por ejemplo, es gratificante ver el impacto de nuestras acciones
al observar que el contenido de nuestros cubos de la basura e
incluso de los cubos de reciclaje se reduce espectacularmente.

Residuo cero sugiere 365 pasos para limitar lo que termina
en la basura y que sirven además para entender que nuestros
sistemas modernos pueden cambiar si aprendemos a modificar
nuestras acciones. No es necesario que siga cada consejo de
inmediato ni que lo haga todo en un año. Adopte las medidas
que pueda: seguramente se dará cuenta de que ya aplica la
mayoría. Todos podemos cambiar algo, y estos cambios no
tienen por qué ser abrumadores. Está en manos de cada uno
mejorar, vivir con mayor conciencia y hacernos responsables de
nuestras acciones, para que las futuras generaciones no se vean
obligadas a limpiar lo que nosotros dejamos.

Estos consejos se basan en mi propio estilo de vida de
residuos cero –o cero basura– cuyo objetivo consiste en enviar
al vertedero los mínimos desechos posibles, tanto a través
de acciones personales como de peticiones a empresas para
que modifiquen sus prácticas. Este estilo de vida conlleva
efectos como el consumo de alimentos más sanos, menor
exposición a sustancias químicas nocivas, ahorro económico,
apoyo a la comunidad local, ralentización del ritmo de vida
y cuestionamiento de todo lo que nos han dicho que era

necesario. Como resultado, se sentirá usted más libre y menos obligado a compararse con los demás. Yo contemplo el cambio hacia un estilo de vida con residuos cero como una respuesta a los muchos problemas que están dañando los ecosistemas del planeta y afectando nuestra salud.

Si bien *Residuo cero* presenta consejos para reutilizar y para rechazar los plásticos de un solo uso, el libro trata de muchas más cosas. Tras estas acciones existe un deseo de reconectar con nuestro lugar en el mundo, de hacer una pausa y tomarse un respiro. Forma parte de un cambio necesario que como humanos debemos realizar colectivamente. Nuestras acciones pasadas han dado forma al mundo, pero podemos moldearlo de nuevo para convertirlo en un lugar mejor.

¿Cómo podemos iniciar el cambio que deseamos ver en el mundo? Mi consejo es fijarse en el cubo de la basura. Reducir lo que tiramos a la basura y a los cubos de reciclaje redunda en beneficio de la lucha contra el cambio climático, la proliferación del plástico o la moda rápida y el aumento de los niveles de contaminación, entre multitud de otros problemas causados por el consumo. Todos los trastornos medioambientales radican en el consumo. Al malbaratar menos, compramos menos y consumimos menos.

Únase a infinidad de personas en la defensa del medioambiente. Conservémoslo para el futuro y tratémonos a todos con respeto.

Iniciemos el cambio.

«Las personas que marcan más la diferencia son las que hacen pequeñas cosas sistemáticamente»,   KATRINA MAYER

ANTES DE EMPEZAR

Nuestros cubos de la basura contienen una colección de recursos malbaratados. Estos acaban vertidos en enormes camiones que consumen cantidades ingentes de combustible al conducirlos a vastos vertederos: un regalo envenenado para la próxima generación.

Y no solo el contenido de los cubos de la basura es un desperdicio. Se genera mucho gasto antes de acabar echando algo a la basura:

- extracción minera de materias primas
- combustión de carbón y gas para manufacturar productos e iluminar, caldear y refrigerar las fábricas donde se elabora lo *nuevo*
- explotación de ríos y lagos para fabricar productos y mantener cultivos como el algodón
- producción de artículos en países con leyes laborales laxas, donde se explota a los trabajadores, no se les paga adecuadamente o no se protege su seguridad
- emisiones contaminantes y tóxicas
- combustión de gasolina para transportar los productos por todo el mundo.

Esto es solo una parte de los estragos que no vemos pero que ejercen el mayor impacto. Una sola acción nuestra, como reutilizar en lugar de comprar algo nuevo, favorecerá la reducción de tanto despilfarro creciente.

Su estilo de vida con residuos cero puede seguir una estrategia de actuación que le facilite la toma de decisiones, especialmente al principio. Mi estrategia para reducir los desechos incluye estos pasos:

1. rediseñar
2. repensar
3. rechazar
4. reducir
5. reutilizar
6. compartir
7. reparar
8. compostar
9. reciclar
10. ser benigno
11. ser el cambio.

Observará que reciclar se halla hacia el final de la lista. Esto es porque el reciclaje no es la solución al problema: más bien, simplemente retrasa la llegada de los productos, especialmente plásticos, a los vertederos. Reciclar no ataca el verdadero problema: nuestro consumo generador de residuos. ¡Uno de los objetivos de una vida con residuos cero también es reciclar menos!

Para reducir residuos, debemos saber qué estamos tirando a la basura. El Departamento de Sostenibilidad de Victoria reunió información sobre el contenido de los cubos de la basura de las familias de este Estado australiano. Observe en la ilustración de la página siguiente qué es lo que tiramos. Una ojeada a otros estudios parecidos en otras partes de Australia, el Reino Unido y los Estados Unidos demuestran que el contenido de nuestros cubos de la basura es similar. Comprobará que seguimos desechando artículos reciclables, especialmente envases alimentarios.

35,6 %

10,8 %

53,6 %

COMIDA +
ORGÁNICO
RECICLABLES
OTROS

MATERIALES DE CONSTRUCCIÓN

MATERIALES DE JARDINERÍA

CUIDADO E HIGIENE DEL HOGAR

CERÁMICA, PYREX® Y CRISTAL

TEXTILES (ROPA, TOALLAS, TRAPOS DE LIMPIEZA)

EXCREMENTOS
DE MASCOTAS

PRODUCTOS QUÍMICOS DOMÉSTICOS

PAÑALES

RESIDUOS
ELECTRÓNICOS

POLIESTIRENO EXPANDIDO

MADERA TRATADA

(Referencia: Victorian Statewide Garbage Bin Audit 2013)

El estudio del contenido del cubo de la basura le ayudará a saber qué va a parar al mismo. Para este ejercicio, divida los materiales reciclables en plásticos y otros envoltorios para comprobar la cantidad de plásticos de un solo uso que acaban en la basura.

Puede llevar a cabo este estudio de dos formas:

1. Busque una hoja de papel para reutilizar (escribiendo en la otra cara) o cree un archivo en pantalla y divídalo en cuatro apartados. Etiquete cada apartado: alimentos y restos de comida, plásticos (envoltorios alimentarios, botellas, artículos de aseo, etc.), demás envases y otros. Antes de tirar algo a la basura, anótelo en la lista. En dos semanas, observará tendencias. Puede hacer lo mismo con los cubos de reciclaje, cuando haya realizado el ejercicio con el de restos.

2. Busque un lugar espacioso y extienda una lona (si no tiene una, pídala a un vecino, familiar o amigo). Vierta el contenido del cubo sobre la lona y repártalo en cuatro montones: alimentos y restos de comida, plásticos (envoltorios alimentarios, botellas, artículos de aseo, etc.), demás envases y otros. Para ello, necesitará guantes y unas pinzas. Anote los artículos amontonados en cada categoría.

Guarde una copia de los resultados y reduzca sus residuos con los consejos que hallará en el presente libro. Las tres primeras partes del libro se centran en las tres categorías básicas de residuos domésticos: comida y restos orgánicos, reciclables y otros materiales. La última parte ofrece consejos para reducir residuos más allá del cubo de basura.

Para empezar, recuerde...

#1

Cambiar de hábitos es más fácil
si se hace de forma amena. ¡Diviértase!

#2

No piense «No hago lo suficiente».
Cualquier cambio es positivo. Aunque
de vez en cuando se olvide de rechazar
una pajita, siempre puede volver a intentarlo.
¡No sea duro consigo mismo
(ni con los demás)!

#3

¿Tiene un amigo, familiar o colega
del trabajo con quien pueda aliarse
para reducir residuos? Pídale que
se le una para seguir los 365 consejos
de este libro o de uno
de los capítulos.

#4

Céntrese en lo que mejor se adapte a usted.
Recuerde que algunos consejos pueden no
ser adecuados en su caso. Nuestras vidas
y circunstancias son singulares y diferentes.
Haga lo que pueda, con lo que esté en
su mano y allí donde esté.

PRIMERA PARTE

#5

Cada año, una de cada cinco bolsas de la compra de hortalizas, frutas y pan se tira a la basura. Este desperdicio nos puede llegar a costar hasta 12 euros a la semana o más de 500 euros al año.

#6

Los agricultores se esfuerzan para proporcionarnos alimentos: compensemos sus madrugones y largas jornadas comiendo los productos que cultivan.

#7

Antes de ir a la compra, haga una lista, con ingredientes que puedan utilizarse para varias comidas. La lista le ayudará a evitar comprar lo que no necesita.

#8

Escriba las listas en el móvil
o reutilizando sobres
o trozos de papel.

#9

Planifique desayunos, meriendas,
almuerzos y cenas que vaya a cocinar
en una o dos semanas. Repase el frigorífico,
el frutero y el cajón del pan para que nada
quede en el olvido o le pase por alto.

#10

Coloque los alimentos que deban
consumirse en la parte delantera del
frigorífico, y ponga la fruta en un lugar
más visible para acordarse de comer
primero lo que deba consumirse antes.

Prescinda de los aliños preparados
y prepare en casa la vinagreta para la ensalada.

Vinagreta

Ingredientes

80 ml (2½ fl oz/⅓ de taza) de aceite de oliva

3 cucharadas de zumo de limón

1 diente de ajo pequeño

sal y pimienta negra molidas

Preparación

1. Vierta los ingredientes en un tarro de cristal.
2. Ciérrelo con la tapa y agítelo durante 30 segundos.

#12

Bolsas, billetero, llaves y móvil:
su nuevo mantra para salir a comprar.
Tenga las bolsas reutilizables en un lugar
visible y accesible o en el coche, y opte
por unas que le quepan en el bolsillo o
el bolso. El uso de este tipo de bolsas
ayuda a ahorrar 440 bolsas de
plástico al año por hogar.

#13

Invierta en bolsas reutilizables,
confeccionadas a partir de
sábanas viejas, adquiridas
en tiendas de ecoalimentación
o por internet.

#14

¿Olvidó las bolsas? ¡Ningún problema!
Si se las dejó en el coche, simplemente
lleve la compra en el carrito hasta
su vehículo y llene allí las bolsas.
Si las olvidó en casa, pida unas
cajas en la tienda.

#15

Busque o promueva una iniciativa como la
australiana Boomerang Bags en las tiendas
de su zona. Se trata de ofrecer bolsas
confeccionadas por voluntarios con telas
recicladas. Las bolsas se dejan en la tienda para
que las utilicen los clientes que hayan olvidado
las suyas, y se devuelven al mismo sitio para
que otra persona las use.

#16

Compre las frutas y hortalizas sin envasar.
Si le cuesta hallar productos sin plástico, únase
a la campaña #plasticfreeproduce de la activista
australiana Anita Horan, que ofrece información
útil en anitahoran.com (en inglés), o visite
vivirsinplastico.com.

#17

Apoye a los agricultores locales
de un mercado donde encuentre frutas,
hortalizas y pan sin envoltorios
plásticos. Estos productores generan
menos emisiones causadas por el
transporte de los alimentos, y conocerá
a las familias que cultivan
lo que come.

ENVÍO A
DOMICILIO

#18

Elegir productos de temporada ayuda
al medioambiente porque se precisan más
recursos para cultivar y almacenar alimentos
fuera de temporada; además, se ahorra dinero
porque estos productos son más caros cuando
no es su época de consumo.

#19

Si no puede ir al mercado, suscríbase
a un servicio de entrega a domicilio de frutas
y verduras. Las cajas suelen ser reutilizables
y es posible que pueda pedir que no
le envíen nada envuelto en plástico.

#20

Si el supermercado es su única opción,
opte por artículos con envases de metal,
vidrio o cartón, y compre en mayores cantidades
para minimizar los envoltorios.

Cuando me resulta difícil comprar
ingredientes a causa de mi ubicación,
falta de tiempo o dinero, me pregunto:
¿Lo necesito realmente? ¿Cómo puedo
adquirirlo con el menor embalaje posible?
¿Cómo podría reutilizar el embalaje?
¿Vale la pena reciclar el envoltorio?
¿Puedo hacerlo yo misma?

Localice una tienda o cooperativa
de venta a granel en su zona a través de
internet y grupos de residuos cero
en Facebook. Este tipo de
establecimientos venden alimentos
y otros artículos sin envoltorios.

#23

Visite una tienda de venta a granel.
Le sorprenderá la cantidad de productos
que ofrecen y reducirá su consumo de
envoltorios. El personal le guiará si
es la primera vez que compra allí.

#24

Empiece a pedir a su charcutero,
carnicero o panadero que utilice los
recipientes que le lleve usted, pero procure
comprar a una hora del día cuando no estén
muy ocupados. Podría ser la primera vez que
les piden algo así y tal vez precisen un tiempo
para adaptarse a utilizar las balanzas y servir
sus productos con este sistema.

#25

Economice comprando en un comercio
o cooperativa de venta a granel: en estas
tiendas puede ahorrar entre un 10 y un
65 por ciento porque no paga envases
ni publicidad con cada producto.

#26

Las cooperativas suelen ser establecimientos
sin ánimo de lucro gestionadas por voluntarios;
los comercios de productos a granel suelen ser
tiendas normales. La cooperativa es una opción
para comprar artículos de forma que redunde
en beneficio de la comunidad.

#?7

Encargue artículos a granel para que
se los lleven a casa. Muchos productos
secos pueden transportarse en bolsas de papel
pero es mejor comprobar qué tipo de
embalaje se usa y si la tienda lo admite
de vuelta para su reutilización.
Llame para informarse.

Las panaderías, charcuterías, carnicerías y
pescaderías también aceptan utilizar las bolsas
de tela y los recipientes de los clientes.
Así es como realizaban la compra nuestros
bisabuelos, de modo que no es algo tan radical.
¡En numerosas partes del mundo
muchas personas todavía compran así!

#29

Al comprar una barra de pan
a la semana en una panadería y
transportarla en una bolsa de tela se
ahorran 52 bolsas y etiquetas
de plástico cada año. Además,
el pan se conserva mejor en la
tela. O se puede congelar.

Qué llevar al salir a comprar
para reducir envoltorios:

- Bolsas de tela para llevar los alimentos a casa, para el pan de la panadería, y para las frutas y hortalizas.

- Viejos recipientes de plástico para productos como aceitunas o queso o lo que desee de la charcutería, carnicería, pescadería o incluso la tienda de golosinas.

- Tarros de vidrio y bolsas reutilizables para la tienda de productos a granel.

- Botellas de limpiadores del hogar u otras botellas vacías para llenarlas con los productos de limpieza a granel.

#31

No tire el próximo tarro de cristal, lata
de metal y caja de cartón al cubo de reciclaje:
piense una manera de reutilizarlos, ya sea
para conservar alimentos, cultivar hierbas
aromáticas, guardar semillas, confeccionar
velas o usarlos como florero, lámpara
u otros proyectos manuales.

#32

La próxima vez que compre algo,
no pida el recibo impreso, en especial
si se trata de la copia del recibo
de la tarjeta de crédito. Suelen estar
recubiertos de BPA (bisfenol A: una
sustancia química usada para fabricar
plástico) y muchas instalaciones
de reciclaje no aceptan
estos recibos.

Conserve los táperes y otros recipientes
de plástico que ya tenga. Para fabricarlos
se emplearon recursos y energía;
hay maneras de sacarles partido
reutilizándolos para otros usos.

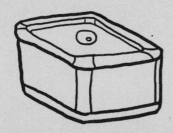

#34

Aprenda a preparar los alimentos
que antes compraba envasados.
Conservas en lata o mermeladas, salsas
para pasta, para mojar, pan, pasta,
barritas de cereales y galletas, entre
muchas otras cosas, se pueden elaborar
en casa para reducir el uso de
envoltorios a la vez que se
aprende algo nuevo.

Galletas saladas fáciles con tres ingredientes

Ingredientes
1 taza de harina (del tipo que prefiera)
hierbas, como romero o tomillo (opcional)
3 cucharadas de aceite de oliva
4 cucharadas de agua fría

Preparación
1. Precaliente el horno a 200 °C (400 °F).
2. Mezcle la harina, hierbas (para dar sabor, si las usa) y aceite de oliva en un cuenco. La mezcla quedará grumosa.
3. Añada el agua: cucharada a cucharada hasta obtener la consistencia de una masa. En función del tipo de harina, quizás no precise las 4 cucharadas o quizás precise más.
4. Divida la masa en cuatro partes iguales y extiéndala (hasta que tenga un grosor de unos 2 mm). Yo empleo una máquina para pasta pero sirve igual un rodillo o incluso una botella de vino.
5. Corte las galletas con la forma deseada. Dispóngalas sobre una bandeja de horno y hornéelas 8 minutos. Compruebe su punto a los 6 minutos. Las galletas se verán doradas y crujientes cuando estén listas.

#36

Conserve los alimentos adecuadamente.
Zanahorias, apio y espárragos pueden guardarse
en remojo para mantenerlos crujientes; los
tomates deben dejarse fuera del frigorífico.
Cuando los alimentos están envueltos en plástico,
es más fácil olvidarse de ellos y, además,
se estropean más rápido.

#37

Para maximizar el tiempo de conservación,
guarde el pan en una bolsa de algodón y el
queso envuelto en papel antigrasa dentro de
un recipiente en el frigorífico. El pan dura
más si se compra sin cortar.

#38

Frutos secos y semillas se conservan
más tiempo y mejor en el frigorífico.

#39

Cocine de la raíz a las puntas.
Las hojas de coliflor, las hojas y los tallos
de remolacha, los tallos de zanahoria
y cilantro, las pepitas de calabaza y
las pieles de patata son comestibles.

#40

Guarde los restos de verduras o las que se han
marchitado para preparar caldos vegetales o
recetas como el chutney. Las frutas pasadas
pueden servir para mermeladas o compota para
postres y gachas. Convierta el pan duro en pan
rallado con sabor a ajo y picatostes
para ensaladas y sopas.

#41

Las pieles de cítricos pueden
aprovecharse para limpiar.
Limpiador cítrico multiusos

Ingredientes
pieles de cítricos (limón o naranja o ambos)
vinagre

Preparación
1. Llene la mitad de un tarro vacío con las pieles de cítricos.
2. Acabe de llenarlo con vinagre.
3. Tápelo y guárdelo en un lugar oscuro 6 semanas.
Cuele el contenido.
4. Decante el contenido en una botella con rociador.

#42

Aproveche las sobras:
envuelva los restos
de la cena para
el almuerzo
del día siguiente.

#43

En lugar de usar papel plástico transparente para las sobras, ponga un plato sobre un cuenco o tarro de cristal, un trapo sobre un plato, o utilice envoltorios de papel encerado. Estos envoltorios son de tela de algodón impregnada con cera de abeja para crear una barrera impermeable, y son lavables y reutilizables –las opciones veganas se hacen con soja o cera de candelilla.

#44

Si no quiere preparar algo de cero, como la masa para pizza o pasta, llame a su pizzería o panadería habitual y pregunte si pueden venderle la masa para llevar (en su propio recipiente, claro).

#45

Cultive alimentos como espinacas, acelgas y hojas para ensalada que suelen venderse en envoltorios plásticos en el supermercado. Busque libros sobre cultivo en espacios reducidos (*Un huerto en tu terraza*, de Alex Mitchell, o *El huerto en 1m²*, de Mel Bartholomew).

#46

Algunas plantas comestibles sirven como control natural de plagas. La caléndula ayuda a evitar que los insectos se acerquen a los tomates y otras hortalizas, y sus flores pueden añadirse a las ensaladas o usarse en cremas de belleza caseras.

#47

Cuando cultive verduras,
no olvide incluir algunas flores si
el espacio se lo permite. Podrá utilizarlas
para decorar su hogar y regalarlas
a familiares y amigos. Las flores
además favorecen el ecosistema
al atraer las visitas de abejas,
mariposas y pájaros.

#48

Disponga los extremos con raíces
de cebolletas, lechugas, apios, col china,
hinojo, puerros o remolachas en
un recipiente. Cubra las raíces con agua
y deje el recipiente en el alféizar de
la ventana. Pasada una semana,
si la planta empieza a brotar, trasplántela
a una maceta o el jardín.

#49

Guarde las semillas de calabaza,
tomate y berenjena para plantar un
huerto sin partir de envoltorios.
También puede guardar semillas
de las plantas que florezcan en su jardín.
Pida a familiares y amigos que intercambien
sus semillas con usted.

#50

Intente cultivar y secar sus propias hierbas
aromáticas como tomillo, orégano, perejil,
albahaca y cebollino. Puede secar la menta
para tomar infusiones. Utilice la luz solar
o un deshidratador para secar estos
y otros alimentos.

Congele las hierbas que le hayan sobrado
con aceite de oliva en bandejas de cubitos
de hielo y utilícelas más adelante para
añadir sabor a sus platos. Recoja la raspadura
de limón antes de exprimirlo y consérvela
también en una bandeja de cubitos de hielo.

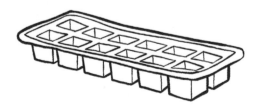

#52

Para eliminar las etiquetas de los tarros
que reutilice, sumérjalos en agua caliente
durante una hora. Use aceite de eucalipto
o aceite de árbol de té y un trozo
de tela para eliminar restos difíciles
y residuos de cola.

#53

Pregunte en su ayuntamiento
si puede cultivar un huerto en algún
terreno municipal cercano. Invite
a los vecinos a que colaboren.
Si vive en un piso con terraza comunitaria,
proponga a la comunidad la posibilidad de
cultivar plantas en este espacio.

#54

Únase o cree un grupo de intercambio. Puede hacerlo mediante sitios web como yonodesperdicio.org, a través del cual es posible compartir los excesos de producción de hortalizas, frutas y alimentos caseros, o aplicaciones para el móvil como Olio, para compartir comida entre vecinos, que funciona en España.

#55

Los pollos son simpáticas mascotas y, además, ayudan a deshacerse de restos de comida a la vez que proporcionan abono para la tierra.

#56

Procure reducir el consumo de productos de origen animal (por ejemplo, con los lunes sin carne o probando la leche de avena casera). Las semillas de lino, compota de manzana o incluso los plátanos pueden sustituir los huevos.

#57

Utilice sitios web como milanuncios.com,
aplicaciones como Wallapop o grupos de
Facebook de compra, venta e intercambio,
para conseguir macetas y cajones de
jardinería. También puede construirlos
con madera reciclada.

#58

Tal vez en su zona exista un espacio de préstamo
de herramientas de jardinería. Si es así, puede
visitarlo para pedir material sin tener que
comprarlo. Si no, es posible que encuentre
plataformas en línea de alquiler de herramientas,
o pregunte a familiares y amigos si disponen de
utensilios para dejárselos. En aplicaciones como
Gratix la gente regala lo que no usa.

#59

Existen centros de jardinería que venden tierra, compost y otros productos sin envoltorio plástico. Necesitará la ayuda de un amigo que disponga de un remolque (y un vehículo al que engancharlo) para recoger las compras sin empaquetar, que puede descargar llenando grandes bolsas o cajas reaprovechadas.

#60

Instalar un contenedor de compostaje puede ayudar a reducir los residuos a la mitad. Además, disminuye las emisiones de efecto invernadero y devuelve nutrientes a la tierra. El *bokashi* es un método ideal para hogares o apartamentos pequeños.

#61

En algunas ciudades existen huertos
municipales y barrios en los que puede
hacerse compostaje comunitario (guarde
los restos de comida en el congelador
entre entregas para minimizar el mal olor).

#62

Herbicida

Ingredientes
315 g (11 oz) de sal
1 litro (34 fl oz) de vinagre

Preparación
1. Disuelva la sal en el vinagre.
2. Moje las malas hierbas con cuidado,
ya que también mata otras plantas.

#63

Las malas hierbas e incluso las algas pueden
recogerse para su uso como abono del jardín.
Remójelas en agua durante una semana,
escúrralas y utilice el agua como alimento para
sus plantas. Puede compostar lo que queda.

#64

Los restos de jardinería, como el césped cortado, hojas, ramas y malas hierbas pueden ir al contenedor de materia orgánica. Si dispone de un contenedor de compost grande, échelos allí.

#65

Algunos ayuntamientos, en los
puntos limpios, aceptan también
residuos orgánicos –como restos
de comida– para el compostaje, pero
llame antes para confirmarlo. Si no
disponen de este servicio, puede
sugerir que lo empiecen
a ofrecer.

#66

Cambie el papel de cocina de un solo uso
por un trapo de cocina y evite que 7.300 hojas
de papel de cocina lleguen a los vertederos.
Lave el trapo con una carga completa
de toallas y otros trapos.

#67

Las bolsitas de té pueden contener plástico
para evitar que el papel se disuelva al entrar en
contacto con agua hirviendo. Utilice té a granel,
una tetera y un colador metálico. No olvide
compostar las hojas de té.

#68

Sustituya las cápsulas de café por
una cafetera de émbolo o clásica,
o busque empresas que ofrezcan cápsulas
reutilizables. Los restos de café molido
son ideales como exfoliante corporal o
como abono para el jardín o las macetas.

#69

Devuelva las gomas elásticas
de frutas y hortalizas al vendedor.
Así economizará recursos
y les ahorrará dinero.

#70

Si compra fruta o verduras
en recipientes en el mercado,
pregunte si puede devolver los envases
para su reutilización.

#71

En algunas poblaciones, se pide
a los vecinos que envuelvan la basura
para evitar el riesgo de que nada escape
hacia el desagüe. Si este es su caso,
forre el cubo de la basura con papel
de periódico viejo procedente de una
cafetería o la biblioteca.

#72

Aprenda procedimientos culinarios
como la fermentación, el encurtido
e incluso la deshidratación de alimentos
para disfrutar de su cosecha fuera
de temporada y reutilizar algunos tarros
de cristal. Busque cursos en su zona
o pida a un pariente que
le enseñe.

Elabore sus propias salsas para picar,
como el hummus o esta salsa
de aguacate con tahina en
lugar de comprarlas hechas.

Salsa de aguacate con tahina

Ingredientes

1 aguacate, pelado y sin hueso
3 cucharadas de zumo fresco de limón
½ cucharadita de comino molido
2 cucharadas de hojas de
cilantro frescas troceadas
90 g (3 oz) de tahina
¼ de cucharadita de sal
¼ de taza de agua

Preparación

1. Triture los ingredientes en la batidora hasta
obtener una salsa homogénea y sírvala.

#74

Pruebe a asar verduras mustias con
ajo y hierbas a fuego lento en el horno,
luego introdúzcalas en un tarro de cristal
esterilizado y rellénelo con aceite de oliva
para conservarlas. Dispondrá de un plato
sencillo para tomar en cualquier ocasión,
y el aceite puede reutilizarse.

#75

Si da con una receta que favorezca
la disminución de residuos alimentarios,
compártala en sus redes sociales
o envíela por correo electrónico
a familiares y amigos, incluso a colegas.
Es una forma fácil y divertida de transmitir
el mensaje y concienciar sobre el tema.

#76

Más del 40 por ciento del plástico
que acumula la isla de basura del océano
Pacífico lo forman equipos de pesca
abandonados. Plantéese reducir la cantidad
de pescado que consume y optar solo
por marcas o empresas que empleen
métodos sostenibles de pesca.

#77

Elabore su propio yogur, incluso
a partir de bebidas vegetales.
Busque tutoriales en línea y clases en su zona.
Si no se ve capaz, compre yogur en envases
grandes en lugar de individuales.

#78

Existe la tendencia creciente
de vender leche de origen animal
y vegetal en botellas de cristal retornables.
Pregunte en su mercado, tienda de dietética
o tienda de comestibles.

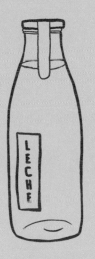

#79

Llévese la porción de queso que compre en su propio recipiente o compre uno entero para repartir entre amigos.

#80

La mantequilla se vende sin envoltorio en algunos mercados: simplemente, lleve su recipiente. U opte por mantequilla envuelta en papel y reutilícelo para forrar moldes de magdalenas o bizcocho.

#81

Comparta lo que sabe sobre la
reducción de residuos alimentarios en
un colegio o centro cívico de su zona.
Aprender de alguien apasionado por
un tema cara a cara resulta inspirador
y es una maravillosa manera
de difundir el mensaje.

#82

Las cajas de cartón recogidas
en las tiendas del barrio pueden
servir como acolchado antihierbas
para el jardín para evitar
el plástico.

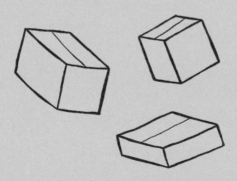

#83
Aprenda a recoger setas y plantas
silvestres comestibles. Si existe
un grupo o un curso en su zona al que
pueda apuntarse, disfrutará tanto
de la naturaleza como encontrando
comida gratis.

#84
Cuando se acerque la Navidad, época en
que el volumen de basura aumenta más del
50 por ciento, vaya vaciando el congelador
para disponer de espacio para conservar
las deliciosas sobras de las fiestas. Pida
a los invitados que traigan un recipiente
vacío o présteles los suyos para que se
lleven una parte de lo que haya sobrado.

#85

Si por alguna razón no va a poder
cocinar un alimento perecedero
que ha comprado, envíe un
mensaje a familiares y amigos
a través de las redes sociales
preguntando si alguno de ellos
desea venir a buscarlo.

#86

Si le resulta difícil encontrar
opciones para comprar productos
a granel, únase a un grupo en línea
de residuos cero formado por
residentes de su zona. Busque
en internet y súmese a otras
personas que también se esfuerzan
por conseguir un mundo sin residuos.

SEGUNDA PARTE

#87

Todo lo que poseemos es especial
y debería tratarse con cuidado,
con la esperanza de seguir
conservándolo o dejarlo a otra
persona que lo encuentre útil.

#88

No tema hacerse oír. Póngase en contacto
con negocios para sugerir que creen productos
más interesantes o envoltorios más sostenibles.
Pida a las grandes empresas que cambien
enviándoles cartas y correos electrónicos,
y dejando comentarios en las redes
sociales con etiquetas simples como
#bastadeplástico.

#89

Cada minuto se venden más de 1 millón de botellas de plástico; alrededor del 91 por ciento de este plástico NO se recicla. Imagine la cantidad de residuos causada por cada botella de su hogar. No solo la comida se envuelve con demasiado plástico, sino también lo que utilizamos para limpiar la casa y asearnos.

#90

Si cree que hay algo que sí debe comprar en envase de plástico, procure elegir marcas que empleen plástico reciclado. No estamos reciclando de verdad si no compramos productos reciclados.

#91

¡Recicle correctamente!
Los ayuntamientos, regiones y
comunidades autónomas reciclan
de formas diferentes. El mejor sitio
para aprender qué debe ir a cada
contenedor es la web municipal
o del gestor de residuos.

#92

Sitios web como ecoembes.com
ofrecen información sobre lo que
hay que tirar en cada contenedor.
En ocu.org, puede buscar un punto
limpio cercano donde deshacerse de
otros objetos, como colchones
o pantallas de lámparas.

#93

Solo en el Reino Unido, se recogen más de 4.000 toneladas de papel de aluminio durante las fiestas navideñas. Si no puede reutilizarlo, aclárelo con agua y forme una bola del tamaño de un puño para llevarlo a reciclar. O prescinda de su uso.

#94

Evite errores. No tire algo en un contenedor de reciclaje si duda de que sea su lugar. Cometiendo errores de este tipo provocamos un daño potencial al proceso de reciclaje y perjudicamos a los que se toman la molestia de hacerlo correctamente.

#95

Preste atención a las nuevas etiquetas sobre reciclaje que explican detalladamente de qué manera se pueden o no reciclar las partes de un envase o producto. Esta información concisa puede ayudar a tomar decisiones y ser conscientes de la presencia de elementos plásticos desapercibidos.

#96

Algunas cosas que desechamos
como basura o reciclaje podrían servir
para manualidades realizadas por niños
o adultos. Guarde en una caja aparte
lo que pueda aprovecharse para montar
una actividad un día de lluvia.

#97

Solo en España,
se desechan 1,6 millones
de toneladas de envases
de plástico cada año.

#98

El 40 por ciento del plástico
que se fabrica se destina
a envases y envoltorios.

#99

Evite las botellas de plástico de refrescos
y los cartones de zumo. En su lugar,
prepare refrescos y limonada caseros
o aromatice agua con restos que resulten
de la preparación de otros platos;
conserve sus bebidas caseras en botellas
de vidrio de vino y de zumo vacías.

#100

Si no puede pasar sin bebidas gaseosas, invierta en un sistema doméstico para prepararlas.

#101

Localice cervecerías, bodegas o establecimientos donde vendan alcohol en su zona que ofrezcan cervezas, vinos y licores a granel. O apúntese a un curso para aprender a preparar estas bebidas en casa.

Si va a mudarse de casa, busque
o ponga un anuncio para obtener
cajas y luego páselas de nuevo tras mudarse.
O pida en una tienda del barrio
o supermercado si pueden cederle
algunas cajas usadas.

#103

En los supermercados venden
detergente en polvo para la colada en
cajas de cartón sin dosificadores de
plástico. Reutilice un dosificador que
ya tenga ¡o use una cuchara grande!
Al elegir estas marcas de detergente,
puede ahorrar hasta doce dosificadores
de plástico al año.

¡REUTILÍCEME!

#104

Guarde los restos de pastillas de jabón
y prepare su propio jabón líquido para
lavar lana y ropa delicada.

Jabón para lana y ropa delicada

Ingredientes
2 cucharadas de restos de jabones
750 ml (25½ fl oz) de agua

Preparación
1. Añada los trozos de jabón en un cazo
y cubra con el agua.
2. Lleve a ebullición durante 5 minutos,
y luego deje cocer a fuego lento otros 15 minutos,
removiendo constantemente.
3. Cuando se hayan disuelto los trozos de jabón,
deje enfriar la mezcla y viértala en una botella.

#105

Las nueces de lavado, disponibles en la mayoría de tiendas de venta a granel y de productos saludables, son una alternativa compostable y económica a los detergentes en polvo y líquidos para la ropa.

#106

Si vive en una zona donde crecen castañas de Indias, puede recogerlas para usarlas como jabón casero gratuito.

#107

Una simple botella de vinagre blanco es más efectiva que la mitad de productos de limpieza del supermercado. Utilícelo para limpiar grasa, bacterias y moho; unas gotas sirven incluso como suavizante para la ropa. Introduzca un trozo de tela empapado en vinagre en la secadora: es un suavizante reutilizable cuando no existe la opción de tender la ropa en el exterior.

#108

Suelen vendernos la idea de que precisamos un producto de limpieza para la cocina, otro para el baño, otro para el cristal y otro para los azulejos. Piense en todos los recursos que han sido necesarios para fabricar cada envase y boquilla; reduzca residuos comprando a granel o simplemente comprando menos. Puede incluso intentar preparar sus propios productos de limpieza.

#109

Solución para rociar y limpiar

Ingredientes

pastilla de jabón (rallado, el resto guárdelo
en un tarro de cristal para usos futuros)
2 litros (68 fl oz) de agua caliente
1 gota de aceite de árbol de té

Preparación

1. Añada 1 cucharadita de jabón rallado
al agua caliente.
2. Añada una gota de aceite de árbol de té.
3. Decante el contenido en una botella
con rociador y úselo.

#110

Evite el uso de paños
y toallitas limpiasuelos
de un solo uso, y use
fregona y cubo.

#111

Prescinda de bayetas y cepillos
sintéticos de vivos colores.
Dé un nuevo uso a viejas toallas
y camisetas de algodón como
trapos de limpieza y opte por otras
soluciones naturales que puedan
acabar en el compost: estropajos de
fibras de coco y cepillos de madera
con cabezales recambiables.

#112

Los limpiadores líquidos están compuestos principalmente de agua. En lugar de comprar jabón líquido para el rostro, gel de ducha, jabón de manos y jabón lavavajillas, sustitúyalos todos por una pastilla de jabón sin envoltorio o una envuelta en papel. ¡Así se ahorran cuatro botellas de plástico!

#113

Encuentre en el jardín o en la naturaleza ingredientes sencillos útiles para sus cuidados de belleza, limpieza y remedios caseros, como el aloe vera, rosas, lavanda, ortiga, romero, tomillo, salvia, menta, caléndula, violetas y manzanilla.

#114

Encuentre en la cocina
ingredientes caseros sencillos y
económicos para sus cuidados
de belleza: miel, sal, vinagre,
bicarbonato, cítricos, aceites,
azúcar y hierbas.

#115

El aceite de clavo elimina el moho y es apto para preparar dentífrico; el aceite de árbol de té es desinfectante; el aceite de eucalipto es antimicrobiano, sirve para tratar manchas y retirar etiquetas pegajosas; y la lavanda ayuda a repeler insectos y es antibacteriana. Un poco de cada ingrediente basta para cualquier uso, por lo que duran mucho tiempo.

#116

Elaborar sus propios productos
de belleza y limpieza del hogar con
ingredientes seguros ayuda a disminuir la
exposición a productos potencialmente tóxicos.
Solo disponemos de dos hogares: la Tierra y
nuestro cuerpo. Cuidemos de los dos.

#117

Muchos de los ingredientes para
productos caseros de limpieza y belleza
tienen múltiples aplicaciones. Por
ejemplo, el bicarbonato puede usarse
como dentífrico, para limpiar y para
cocinar. El vinagre se emplea para limpiar
y para cocinar. La cera de abejas sirve
como bálsamo labial, como cera para los
muebles y como betún.

#118

En las tiendas de venta a granel ofrecen champú y acondicionador para el cabello. Lleve sus propias botellas, de su antiguo producto u otro recipiente, y rellénelas.

#119

También es posible adquirir champú y acondicionador sólidos, parecidos a pastillas de jabón, con mínimo envoltorio de papel o sin él. Estas pastillas de champú se encuentran en tiendas especializadas, de venta a granel, de algunas grandes marcas, como Lush, e incluso en farmacias.

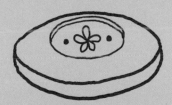

#120

Una pasta elaborada con bicarbonato o harina de centeno y agua, seguida de un aclarado con vinagre de sidra o té de romero, son algunos métodos libres de residuos que la gente emplea para mantener limpio el cabello, ¡incluida la autora del presente libro!

#121

Cambie el champú comercial para cabellos oscuros por una versión casera a base de harina de tapioca o arruruz más un poco de cacao. Ambas harinas también pueden utilizarse para empolvar el rostro y controlar los brillos.

#122

Prepare una mascarilla hidratante
para el pelo con distintos ingredientes,
como plátanos, gel de aloe vera, huevos,
aceites, semillas de lino o miel.

#123

Las semillas de lino pueden
prepararse como gel moldeador
para el cabello en sustitución de los
productos comerciales.

#124

Córtese el pelo sin generar un exceso
de residuos en una peluquería
sostenible y ecológica.

#125

Los restos de cabello y uñas pueden
ir al contenedor de compost.

#126

Laca texturizante con sal marina

Ingredientes
1 cucharada de sal marina (o normal)
½ cucharada de bicarbonato
250 ml (8½ fl oz) de agua caliente

Preparación
1. Mezcle los ingredientes hasta que
se disuelva la sal y el bicarbonato.
2. Vierta el contenido en una botella con rociador y úselo.

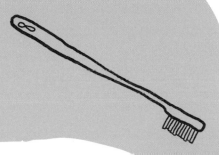

#127

Todos los cepillos de dientes de plástico fabricados todavía existen hoy en algún lugar. Cuando deba comprar uno nuevo, pruebe uno de bambú o madera. Estos presentan cabezales de nailon recambiables, de modo que el mango puede compostarse o servir como señalizador en el jardín.

#128

Los cepillos de dientes
de plástico usados
se pueden reciclar
a través de TerraCycle
(terracycle.com/es-ES)
o bien reutilizarse
en casa como cepillos
de limpieza.

Los tubos de pasta de dientes también
pueden reciclarse con TerraCycle,
o bien se puede optar por tabletas
dentífricas. Las tabletas se adquieren
en envases de cristal, cartón o plástico
retornable. También se puede elaborar
una sencilla pasta de dientes casera.

Polvos dentífricos de clavo y naranja dulce

Ingredientes
5 cucharadas de bicarbonato
5 gotas de aceite de clavo
10 gotas de aceite de naranja dulce
2-4 cucharadas de aceite de coco (opcional)

Preparación
1. Mezcle el bicarbonato, el aceite de clavo
y el aceite de naranja en un tarro.
2. Ciérrelo bien con la tapa y agite vigorosamente.
3. Añada 2-4 cucharadas de aceite de coco
para obtener una textura de pasta.

#130

Elija hilo dental fabricado con seda compostable y presentado en un frasco de cristal reutilizable, por ejemplo, de la marca NaturBrush. Otras opciones que no generan residuos superfluos son los irrigadores o el enjuague bucal con aceite.

#131

Cada año se utilizan más de 255 mil millones de toallitas faciales en los EE. UU. ¡Eso son muchos árboles! Los pañuelos de algodón pueden lavarse y no solo salvan los árboles y ahorran el agua que se emplea en la fabricación de los de un solo uso sino que además reducen la producción de embalajes.

#132

La mayoría de bastoncitos de algodón se fabrican con palito de plástico. Sustitúyalos por los de palito de madera y tírelos al compost en lugar de enviarlos al vertedero.

#133

Sustituir compresas y tampones por ropa interior absorbente reutilizable para los días de menstruación, compresas de tela o copas menstruales no solo reduce los desechos del cubo del baño, sino que además ahorra dinero.

#134

Existen cada vez más marcas de papel higiénico fabricado sin madera de árboles y con envoltorio de papel, como Renova Recycled o Regina Zero. Se puede reutilizar el envoltorio antes de tirarlo al cubo de reciclaje.

#135

Hace treinta años, los americanos tiraban a la basura dos mil millones de maquinillas de afeitar de plástico cada año –esto son al menos 60 mil millones desde entonces–. Utilice una con hojas recambiables y reciclables. Opte por una pastilla de jabón para afeitar en lugar de los productos de espuma envasados.

#136

Puede que descubra que no huele tan mal sin desodorante. Pasar del uso de prendas de ropa sintética a las de fibras naturales ayuda a reducir el olor corporal. Pruebe a utilizar unas gotas de vinagre de manzana diluido con agua, prepare su propio desodorante o busque productos en envases metálicos o de cristal.

Desodorante de bicarbonato

Ingredientes

¼ de taza de bicarbonato
¼ de taza de arruruz, tapioca o harina de maíz
1 ½ a 2 cucharadas de aceite de coco
10 gotas de aceite de árbol de té (opcional)

Preparación

1. Mezcle el bicarbonato y el arruruz
(o alternativas) en un bol.
2. Añada el aceite de coco y de árbol de té (si lo usa).
Empiece con 1 ½ cucharadas del aceite de coco;
añada más si desea una pasta más diluida.
3. Pase la mezcla a un tarro de cristal de boca
ancha esterilizado.
4. Se conserva en un lugar oscuro y fresco hasta un año.
5. Para usarlo, aplique una cantidad del tamaño
de un guisante en cada axila y extiéndala por la zona.

#138

Los frascos de perfume contienen múltiples materiales que forman parte del envase, por lo que resultan difíciles de reciclar. Intente preparar su propio perfume añadiendo un par de gotas de sus aceites esenciales preferidos a un aceite base, como el de girasol o semillas de uva, y mejor aún, elija un frasco de bola *roll-on* reutilizable.

#139

En 2008, la industria cosmética creó más de 210 mil millones de unidades de envases. En su mayoría no se reciclaron y se trataba de envases de plástico.

#140

No tire a la basura los recipientes de maquillaje, como los tubos de máscara y estuches de sombras de ojos y busque la opción que ofrezca TerraCycle en su zona o procure llevarlos al punto limpio más cercano, donde los recogerán y reciclarán. Usted o la empresa donde trabaja pueden incluso ofrecerse como punto de recogida.

#141

En lugar de reciclar los recipientes de cosméticos, guárdelos para sus productos caseros de belleza y limpieza de uso propio o para regalar.

#142

Los aceites constituyen una alternativa fantástica y generan menos residuos que los productos hidratantes que tanto nos dicen que necesitamos. Un solo aceite puede sustituir el acondicionador, la crema facial, de contorno de ojos, corporal, de manos, para los pies... ¡Eso son muchos envases ahorrados!

#143

El aceite no solo hidrata; además sirve para eliminar los restos de maquillaje y limpiar el rostro. Use un disco o trozo de tela caliente en lugar de toallitas desechables y biodegradables.

#144

Equilibre el pH natural de su piel con vinagre de manzana diluido con agua como tónico casero.

#145

Exfolie su piel con ingredientes de la cocina que además actuarán como mascarilla facial. Busque en internet cómo usar azúcar, harina de avena, miel, vinagre de sidra, limón, restos de café molido e incluso papaya para sus productos de belleza.

#146

En internet, mercados, tiendas especializadas y de venta a granel, se comercializan productos de belleza de residuos cero listos para usar e ingredientes para elaborarlos en casa.

#147

Bálsamo labial

Ingredientes
2 cucharadas de cera de abeja
6 cucharadas de aceite de oliva

Preparación
1. Llene un cazo con agua y disponga un bol de cristal encima para cocer al baño maría, y póngalo a calentar a fuego medio.
2. Añada la cera y el aceite al bol y remueva hasta que la cera se derrita y ambos se mezclen. Viértalo en un recipiente o un viejo tarro de bálsamo labial y deje enfriar antes de aplicarlo.

#148

¿Sus productos de cuidado personal contienen microperlas de plástico? Debido a su tamaño, estas microesferas llegan a lagos y mares, donde las consumen los animales que los habitan. Beat the Microbead es una aplicación que permite escanear el código de barras de un producto para descubrir si contiene estas partículas.

#149

Si no tiene acceso a establecimientos de venta a granel o prefiere no elaborar sus propios productos de limpieza y cuidado personal, opte por envases de cartón, metal o cristal. ¿Puede después reutilizar un recipiente metálico o de vidrio antes de reciclarlo? Pregunte a la empresa si los envases son rellenables.

#150

Los plásticos contienen sustancias químicas
que provocan alteraciones hormonales, como
los ftalatos y el BPA (bisfenol A, a menudo
sustituido por bisfenol S). Estos se liberan
en los líquidos y alimentos contenidos
en recipientes de plástico al exponerlos a
temperaturas elevadas. Se encuentran en
juguetes infantiles y cosméticos, además de
en envases alimentarios.

#151

Según la organización Environmental
Working Group (EWG), las mujeres
se exponen a un promedio de
168 sustancias químicas sintéticas cada
día y los hombres a 85. La base de datos
Skin Deep de EWG permite la búsqueda de
ingredientes cosméticos para comprender
mejor lo que introducimos en nuestro
organismo y en nuestro hogar.

#152

La reducción de residuos consiste en cuestionar los envases y también su contenido. Muchos champús y limpiadores del hogar que se venden a granel presentan menos ingredientes dañinos y son más seguros para el medio ambiente, pues los establecimientos que los comercializan suelen preocuparse por el entorno y la salud.

#153

Nuestro bienestar está relacionado
con la salud del planeta.
Un medioambiente saludable
también nos hace más sanos.

#154

Si se siente abrumado en su intento de reducir los residuos y algunos aspectos le resultan más difíciles que otros, no se desanime. Esforzarse es mejor que no intentarlo en absoluto.

#155

El desecho más habitual en las playas son las colillas. En lugar de tirarlos a la basura, los cigarrillos y los paquetes de tabaco se pueden reciclar a través del programa TerraCycle (busque el punto más cercano en su sitio web). O se puede decidir dejar de fumar...

#156

No hay que caer en la tentación de cuantificar nuestro progreso hacia la meta de residuos cero comparando los que producimos ahora con los que producíamos en el pasado o con lo que tiran otros a la basura. Es mejor dedicar la energía a esforzarse para cumplir el objetivo.

#157

Es importante mantener una buena calidad del aire en nuestro hogar, y algunas plantas como el helecho, el espatifilo o bandera blanca y el falangio o cintas, favorecen la absorción de contaminantes del ambiente, como los formaldehídos, en espacios interiores.

#158

Reducir la cantidad de basura y valorar los recursos no es el único objetivo de una vida con residuos cero; también se trata de simplificar lo que necesitamos y lo que compramos, y priorizar los momentos sobre los artículos materiales.

#159

Un estilo de vida de residuos cero también implica vigilar qué ingredientes usamos; uno a evitar es el aceite de palma debido a la deforestación, destrucción animal y desplazamiento de comunidades causados por su producción. El aceite de palma ni siquiera es necesario. Compruebe si está presente en sus productos en palmoilinvestigations.org.

#160

Un estilo de vida de residuos cero puede ayudar a ahorrar dinero. Si puede, invierta parte de este dinero en proyectos medioambientales en su entorno cercano.

#161

En 2050, se calcula que habrá
más plástico que peces en el
mar si no empezamos ahora a
cambiar las cosas.

#162

No deje que las estadísticas le
desalienten; canalice sus esfuerzos
para conseguir cambios en su
hogar o comunidad. Unirse a otras
personas que piensen igual le
ayudará a recordar que cada vez
somos más los que deseamos tomar
decisiones responsables y no a
costa de los demás.

La mayor parte de estos plásticos son los que utilizamos fuera de casa. Cuando empecemos a rechazar estos artículos de un solo uso, fomentaremos activamente que otras personas se sumen a la causa. Para dar el paso, utilice el calendario del móvil para introducir recordatorios que se activen antes del momento de la compra semanal, deje notas por la casa y disponga los nuevos artículos reutilizables en un lugar bien visible para llevárselos fácilmente aunque tenga prisa –especialmente mientras se acostumbra y adquiere nuevos hábitos.

Junto con la tapa de plástico, las tazas de café de un solo uso suelen estar revestidas de una capa de plástico y suelen acabar en el vertedero. Dedique diez minutos a sentarse y tomar su bebida caliente en una taza de cerámica normal, invierta en una taza reutilizable fabricada con cristal o llévese una de la cocina de la oficina. Pregunte si tiene derecho a un descuento por usar su propia taza.

Si puede, rechace las pajitas. Cuando el camarero anote su pedido, pídale que apunte que no desea pajita con su bebida. Si algunas bebidas le saben mejor con paja, invierta en una reutilizable fabricada con bambú, acero inoxidable, silicona o vidrio.

Se ha descubierto que una bolsa de plástico en el mar puede descomponerse en 1,75 millones de trocitos microscópicos. Los seres humanos se las arreglaron para hacer la compra durante cientos de años sin bolsas de plástico. Pásese a las de tela, cestos de mimbre o carritos de la compra.

Saque su Tupperware® o invierta en recipientes de acero inoxidable y pyrex® cuando compre comida para llevar o aceitunas. Los recipientes de plástico de estos establecimientos se rompen con facilidad. ¡Evite también los cubiertos de plástico desechables para hacer aún mejor las cosas!

Con una botella reutilizable que puede llevar en el bolso ahorrará dinero y se dará cuenta del poco sentido que tiene pagar por el agua embotellada. ¿Por qué pagar por algo que es fácil obtener del grifo de casa o de la cafetería?

TERCERA PARTE

#163

La mayor parte de productos del apartado
«otros materiales» del estudio del
contenido de su cubo de la basura son
inventos modernos: pañales desechables,
material escolar, artículos de electrónica,
sustancias químicas del hogar. Los
consejos de este capítulo le harán pensar:
«¡Pero si mis abuelos o bisabuelos vivían
así!». Recuerde que los seres humanos se
desarrollaron y vivieron mucho tiempo
sin generar la cantidad de basura que
acumulamos en la actualidad.

#164

¿Tiene invitados? En lugar de vajilla, cubiertos y copas de plástico o papel, utilice los de diario. Si necesita más, pida a familiares y amigos que se los presten, o adquiera unos cuantos en una tienda de segunda mano o de comercio justo. Pida a los invitados que traigan sus artículos de pícnic si ofrece una barbacoa en el exterior.

#165

No hace falta estrenar las decoraciones para que una fiesta sea divertida. Visite las tiendas de segunda mano o inspírese y cree sus propios adornos con artículos naturales (que puedan compostarse después) procedentes del jardín o su entorno.

#166

Evite los mecheros de plástico
y opte por cerillas de madera
presentadas en cajitas de cartón.
Puede echarlas en el compost o
dejarlas quemar por completo.

#167

La purpurina y algunos tipos
de confeti están hechos de plástico.
Pueden dispersarse fácilmente en el
medioambiente, donde los animales los
confunden con su alimento. Plantéese
prescindir de ellos o busque purpurina
elaborada con minerales naturales
(como mica o celulosa) o use una
perforadora de papel para hacer
confeti con hojas secas.

#168

Cambie las invitaciones y sobres de papel por envíos digitales mediante una plataforma de invitaciones en línea como Greenvelope. Si prefiere las invitaciones físicas, elíjalas de papel cien por cien reciclado o recicle papel en casa para confeccionarlas usted mismo.

#169

No se estrese si sus invitados traen comida envuelta en film o envases de plástico. Tal vez desconozcan su objetivo de residuos cero y solo pretenden compartir la comida con usted. Explíqueselo con antelación, disponga de envoltorios encerados o comparta en sus redes sociales un consejo para evitar los envoltorios y envases de plástico.

#170

Si está en una fiesta donde se usan
platos, cubiertos y copas desechables,
pida al anfitrión si puede usted usar un
plato y cubiertos normales de la cocina,
y ofrézcase para lavarlos después.
Explíquele con tacto que simplemente
intenta reducir los residuos que genera.

#171

En lugar de enviar una tarjeta de
agradecimiento por un regalo o una
celebración, llame al anfitrión para
darle las gracias.

#172

Los globos se utilizan solo una vez.
Cuando salen volando representan
una grave amenaza para la naturaleza,
especialmente para las aves. Utilice
globos de fieltro o decoraciones de
papel y banderines que se pueden
usar en múltiples ocasiones. Las
burbujas de jabón también son una
opción divertida.

#173

Elija un árbol autóctono para Navidad que pueda vivir en una maceta para utilizarlo cada año. Si ya dispone de un árbol de plástico, entonces la opción más sostenible es seguir empleándolo.

#174

Confeccione gorros y artículos del cotillón para la fiesta de fin de año o coronas para el día de Reyes con papeles de periódico o papel de regalo reciclado. Si desea comprar un regalo para Navidad, visite las tiendas de segunda mano.

El 53 por ciento de los australianos admiten haber tirado a la basura un regado de Navidad. Cada vez más grupos de amigos sustituyen los pequeños regalos comprados para el amigo invisible por «pongos», objetos de casa que no utilizan o desafortunados regalos (de ahí el nombre: «Esto ¿dónde lo pongo?»).

Antes de comprar un regalo, formúlese las siguientes preguntas: ¿La persona lo necesita? ¿Es un regalo útil? ¿Qué pasará al finalizar la vida del regalo? ¿Se puede reparar, reutilizar, reciclar o acabará en el vertedero?

#177

Cuando se trate de comprar regalos,
recuerde estas normas: hecho a mano,
hecho en casa, saludable, útil y hecho
aquí (producto local de proximidad).

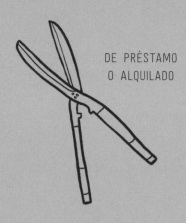

DE PRÉSTAMO
O ALQUILADO

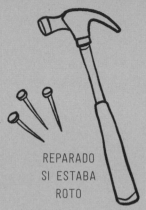

REPARADO
SI ESTABA
ROTO

DE SEGUNDA MANO

HECHO POR UNO MISMO

USADO

RECIBO

$$$

COMPRADO NUEVO
(ÚLTIMO RECURSO)

#178

Existen diversas maneras de comprar cosas nuevas. Un artículo puede ser de estreno para nosotros sin ser la primera vez que alguien haya hecho uso de él.

USE LO QUE YA TENGA

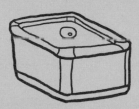

#179

Hurgue en su joyero o en los armarios de la cocina en busca de objetos que le gustan pero ya no utiliza. Límpielos y regálelos a alguien que los vaya a usar.

#180

Hay muchos regalos que son bienvenidos y valorados, además de no suponer trastos: vales para salir a cenar y al cine, vale para los cafés de un mes en una cafetería favorita, pasear al perro de alguien durante un mes, entradas para conciertos y obras de teatro, clases de patinete y de cocina para niños.

#181

Envuelva sus regalos con bolsas de tela, pañuelos de segunda mano, trapos de cocina o telas sobrantes de costura. Aprenda *furoshiki*, una técnica japonesa para envolver usando tela. No solo queda bonito, la tela reutilizable se convertirá en una buena excusa para conversar sobre la reducción del uso de papel.

#182

Revistas *vintage* (de venta en tiendas de segunda mano), periódicos, páginas de atlas, callejeros antiguos e incluso dibujos infantiles son excelentes para envolver en lugar de comprar rollos nuevos de papel de regalo para cada celebración.

#183

Intente crear sus cenefas
decorativas con sellos hechos
con patatas y experimentando
con tintas caseras a base de
hortalizas y frutas como la
remolacha. Disfrute con las
manualidades.

#184

La cinta adhesiva plástica no se recicla. En su lugar, use cordón, lana o lazos compostables para envolver sus regalos. El pegamento casero es además una opción sencilla libre de residuos para unir el papel del envoltorio.

Pegamento casero

Ingredientes
1 cucharada de harina
agua

Preparación
1. Mezcle la harina con una pequeña cantidad de agua para formar una pasta.
2. Use un pincel para untar el pegamento en el papel que desea pegar.

#185

Confeccione etiquetas de regalo con hojas secas o con la parte frontal de viejas tarjetas de felicitación navideñas o de cumpleaños, o visite la sección de manualidades de una tienda de segunda mano.

#186

Las flores son decoraciones clásicas para cualquier celebración que pueden compostarse después de usarlas. Pero a menudo son importadas, cosa que deja una gran huella medioambiental. Apoye la industria florista de la zona adquiriendo solo flores cultivadas cerca y de temporada, sin envoltorios de plástico ni bolsas.

#187

Será difícil encontrar determinados productos sin envase, como los protectores solares y medicinas. Tome siempre las decisiones que resulten mejores para su salud y bienestar. Simplemente, acuérdese de reciclar correctamente y depositar los restos de medicación en el punto Sigre de la farmacia.

#188

El poliestireno expandido empleado para los envases por lo general no puede ir al contenedor de reciclaje. Antes de comprar un producto que crea que viene envasado en poliestireno, pida que se lo envíen sin envase o pida a la empresa que acepte su devolución para reutilizarlo. Busque en internet opciones especializadas de reciclaje en su zona.

#189

Los contenedores rebosantes, incluidos nuestros cubos de reciclaje, permiten que el plástico acabe en los cursos de agua, donde se convierte en un imán de DDT, dioxinas, polución industrial, metales pesados y otras sustancias nocivas. Los peces se comen el plástico recubierto con estas sustancias químicas, que llegan así a la cadena alimentaria y terminan en nuestros platos.

#190

Pregunte a su oculista si acepta lentillas desechables usadas y su envoltorio para reciclarlas. Si le responde que no, sugiera que se una a TerraCycle para recoger y reciclar estos residuos en el futuro.

#191

Busque gomas para cabello fabricadas con algodón orgánico y caucho natural en lugar de materiales sintéticos. Si se atreve, recoja las que vea en la acera. Cuando encuentre la primera, las verá en todas partes y ya no tendrá que volver a comprar una. Simplemente, hiérvalas para eliminar gérmenes.

Cambie su cepillo o peine por uno de
madera cuando el suyo se rompa o
necesite uno nuevo. Mejor si es de una
marca comprometida con la gestión
forestal sostenible.

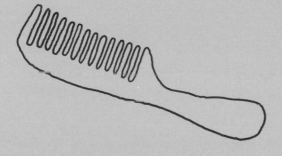

#193

Los vertederos están llenos de sustancias químicas peligrosas procedentes de productos de limpieza, pilas, pinturas, pesticidas, plásticos y artículos electrónicos, por nombrar unos pocos. Estas sustancias pueden llegar a los acuíferos y dispersarse por el aire.

#194

Los restos de césped, ramas de árboles y hierbajos no deberían llegar al vertedero. Tírelos a un contenedor de compost o llévelos a un punto limpio donde los acepten. La materia orgánica no se descompone adecuadamente en el vertedero.

#195

No envíe pintura, barniz ni lacas al vertedero; en su lugar, guárdelos para reutilizarlos más adelante, dónelos o bien llévelos al punto limpio más cercano para su tratamiento.

#196

Evite los productos desatascadores químicos en envases de plástico y etiquetados como «veneno», y utilice vinagre, bicarbonato y un desatascador de ventosa.

#197

Las bombonas de camping gas se hallan
entre los elementos más contaminantes de
los contenedores de reciclaje y tampoco
deberían tirarse al contenedor de restos.
Cuando están vacías suele ser posible
rellenarlas, reemplazarlas por otras llenas
en las estaciones de servicio,
devolverlas al fabricante o llevarlas
a un punto limpio.

#198

La madera tratada no debe llegar al vertedero ni va al contenedor de reciclaje, y tampoco puede quemarse ni usarse para acolchar el jardín ni echarse al compost. Es preciso llevarla a un punto limpio porque contiene sustancias químicas dañinas para el medioambiente y la salud.

#199

Cuando deba sustituir los guantes de limpieza, pruebe unos fabricados con caucho con certificado cien por cien FSC y que sean compostables.

#200

Guarde las piezas rotas de vajillas, cerámicas, boles y tazas, y rómpalas en pedacitos para confeccionar un mosaico exterior o para disponer una capa de drenaje en las macetas. Reutilizar las piezas ya rotas les da una nueva vida.

#201

Los vasos rotos no van al contenedor del vidrio porque están hechos de cristal templado, diferente del vidrio de un tarro de mermelada. Un trozo de cristal templado puede arruinar el reciclaje de un montón de vidrio.

#202

Los residuos electrónicos son los
que más aumentan. Son ejemplos
de este tipo de residuos: televisores,
ordenadores, cables, lámparas,
teléfonos y cámaras digitales.

#203

Cuando los móviles llegan al vertedero,
pueden soltar y filtrar sustancias químicas
peligrosas en el entorno. Opte por donarlos
a una organización sin ánimo de lucro.
Algunas ONG, como Manos Unidas,
Mensajeros de la Paz, Amadip Esment
Fundació o Rescate, realizan campañas
para la recogida de móviles.

#204

El material informático obsoleto, como
ordenadores de mesa, portátiles, ratones,
monitores, impresoras, escáneres, discos,
teclados, reproductores de CD, placas de
circuitos impresos, placas base y tarjetas
de red se pueden reciclar a través de
empresas y centros específicos.
Busque uno en su zona.

#205

Millones de cartuchos de tinta llegan cada año a los vertederos. Ahorre dinero y ayude al medioambiente rellenándolos a través de empresas especializadas en su recarga.

#206

Elimine de forma segura las sustancias químicas potencialmente peligrosas del hogar como quitaesmaltes, productos de limpieza, productos de automoción y construcción, colas y lámparas fluorescentes llevándolos al punto limpio más cercano.

#207

Si tiene usted perros o gatos en casa, debe contar con un contenedor aparte para compostar sus residuos. La empresa Gestican, de gestión y control de residuos caninos, ofrece la posibilidad a los ayuntamientos de aprovechar estos restos para convertirlos en compost.

#208

Si recoge las deposiciones de su mascota tres veces al día, ello supone 1.095 bolsas de plástico que van al vertedero cada año. En lugar de bolsas, utilice periódicos viejos o una pala para recoger las heces y destinarlas a compost (separado del compost normal).

#209

La próxima vez que necesite comprar pilas, invierta en pilas recargables y un cargador. Este tipo de pilas puede recargarse alrededor de mil veces.

#210

Etiquete los cubos de reciclaje de su hogar –orgánico, plástico, papel, vidrio– para que todo acabe donde toca. Esto es especialmente práctico cuando recibe la visita de familiares y amigos. Vaya más allá y disponga pequeños recipientes para el papel reutilizable o las pilas.

#211

Cambie la arena de gato comercial
por una de arena o serrín que pueda
recogerse sin envoltorio y compostarla
en casa (en un contenedor aparte del
compost normal). Existen marcas
que utilizan papel reciclado y restos
de cáscaras de nueces, que también
resultan indicadas para otras
mascotas.

#212

Pregunte en la tienda de animales de su
barrio si venden comida para mascotas
a granel. Si no disponen de ella, la mejor
alternativa consiste en adquirir el paquete
de mayor tamaño y reutilizar el envoltorio.

#213

Pida al carnicero que le sirva los huesos para su mascota en una bolsa o recipiente reutilizable.

#214

Prepare en casa la comida de su mascota. En la biblioteca encontrará libros que le enseñarán a hacerlo, o puede buscar recetas en internet.

#215

Las correas de las mascotas pueden perderse, por eso, en lugar de las de plástico, opte por las fabricadas con materiales naturales, por si acaso.

#216

Mantenga las pulgas a raya
con un repelente hecho en casa.

Repelente de pulgas para perros

Ingredientes
piel de limón
agua

Preparación
1. Hierva partes iguales de piel de limón y agua en un cazo.
2. Deje cocer a fuego lento 20 minutos, deje templar, cuele y pase el líquido a una botella de cristal con rociador.
3. Rocíe el producto sobre el pelaje del perro y cepíllelo.

#217

Elija juguetes para su mascota
fabricados con materiales
naturales como algodón, cáñamo
y lana que se descompongan para
convertirse en compost.

#218

Espolvorear bicarbonato
sobre la cama de su mascota
y airearla en el exterior
reducirá los malos olores.

#219

Abra puertas y ventanas en lugar de usar ambientadores envasados excesivamente que emiten sustancias químicas preocupantes. O prepare el suyo en casa.

Ambientador

Ingredientes

½ cucharadita de vinagre

150 ml (5 fl oz) de agua

aceite esencial de su elección,
como eucalipto o lavanda

Preparación

1. Mezcle el vinagre con el agua.
2. Añada unas gotitas del aceite esencial.
3. Vierta en una botella con rociador y úselo.

#220

Antes de incorporar algo nuevo en su vida, deténgase a pensar si realmente lo necesita. Concédase dos semanas y si no deja de pensar en adquirirlo, entonces cómprelo. Le sorprenderá la cantidad de compras que realizamos por impulso.

#221

Al comprar en una tienda de segunda mano, no solo se fomenta la economía circular, sino que además el dinero se empleará para subvencionar programas que ayudan a proporcionar alimentos, alojamiento, formación y cuidados para personas que los necesitan. Favorecer la economía circular y a la vez aportar algo a la sociedad: ¡sí, por favor!

#222

Si hace limpieza de trastos en casa,
busque maneras de reubicar los objetos
descartados que no vayan a parar a la basura
ni se conviertan en donativos. Pregúntese si
puede repararlos, darles un nuevo uso o si
conoce a alguien que pueda necesitarlos.
Muchos ayuntamientos tienen señalado
un día para la recogida gratuita de
muebles y utensilios domésticos.

#223

Al hacer donaciones, respete los horarios
de apertura; nunca deje paquetes en la puerta
para que los encuentren a la mañana siguiente.
Llame antes para preguntar si lo que tiene
para dar es bienvenido. Las organizaciones
caritativas pueden verse obligadas a tirar
a la basura las donaciones de objetos
inútiles que acabarán en el vertedero.

#224

No se deshaga de nada sin reflexionar
sobre si va a necesitarlo. Guárdelo
dos meses en una caja. Si durante
este período va a buscarlo a la caja, es
probable que todavía le sea de utilidad.

#225

Cuando decida donar algo,
cerciórese de que esté en buenas
condiciones: limpio, que funcione
y que sea de calidad.

#226

Para que florezca la economía circular debemos pedir a las empresas que se hagan más responsables en lugar de dejar que todo dependa de los consumidores y clientes. Con una simple llamada o email, puede averiguar si una empresa acepta rellenar o reciclar sus productos, o al menos plantear la idea.

#227

Al comprar por internet, aproveche la sección de comentarios o envíe un mensaje de seguimiento solicitando el uso de envoltorios libres de plástico y sugiriendo a la empresa que reutilice cajas y periódicos viejos como relleno en lugar de materiales sintéticos.

#228

La reparación de objetos genera
empleo y mantiene vivos los oficios.
Además, reparar algo añade valor a las
horas y habilidades que alguien dedicó a
la fabricación del artículo. Si no reparamos
nuestras cosas, las empresas que nos las
venden no las fabricarán con la
posibilidad de repararlas en mente.

OTROS

#229

Apúntese a clases bricolaje o remiendos para aprender a recuperar sus pertenencias y alargarles la vida. Si no encuentra un curso en su zona, sugiera que el centro cívico más cercano lo ofrezca o busque instrucciones y tutoriales en línea.

#230

Si ha recosido una prenda y el parche es visible, no se desanime. ¡Forma usted parte del movimiento de enmiendas visibles! Busque la etiqueta #visiblemending y encuentre inspiración para sus remiendos.

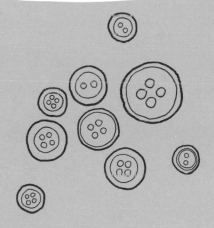

#231

Existen diversas maneras de reparar nuestras pertenencias. Consulte primero a familiares y amigos, con una simple pregunta en las redes sociales o una llamada telefónica. Realice una búsqueda en repaircafe.org y compruebe si hay un grupo organizado cerca de su casa.

#232

Si su producto no venía con manual de reparación pero le hace falta uno, envíe un mensaje a la empresa o busque en su sitio web, ya que es posible que esté disponible para descargarlo. Visite es.ifixit.com para encontrar manuales de reparación y ayuda para arreglar objetos cotidianos.

Cada año toneladas de tejidos acaban en los vertederos. Al finalizar cada temporada, compruebe las suelas de los zapatos, las costuras de las prendas, botones y cremalleras por si hay que arreglarlos con el fin de ampliar su uso unos años más.

En lugar de comprar un vestido o un traje nuevo para una celebración, pídalo prestado a un amigo o alquílelo en negocios especializados, como Rental Mode, La Más Mona o Dresseos.

OTROS

Organice un intercambio de vestuario con amigos, en el trabajo o en el barrio, y diviértase eligiendo prendas del ropero de sus amistades. Lleven comida y bebida para convertir el intercambio en una fiesta.

#236

Si la ropa ya no admite remiendos,
plantéese si es posible reconvertirla
y darle un nuevo uso. Inspírese
con las ideas que hallará en
kuttlefish.com y Pinterest. Con un
poco de imaginación, todo puede
reinventarse y volver a ser de valor.

#237

Algunos tejidos como la ropa usada
pueden usarse como trapos o
destinarlos al reciclaje textil. Puede
reciclar su ropa depositándola en los
puntos limpios o en los contenedores
al efecto que instalan las entidades
autorizadas por cada ayuntamiento.
Busque la información en ocu.org.

#238

Un elevado porcentaje de las prendas
de ropa que vestimos se fabrica en
otros países y se transporta hasta
el nuestro en bolsas de plástico y
perchas individuales.

#239

En todo el mundo, consumimos 80 mil
millones de prendas de ropa cada año a
pesar de que solo nos ponemos el treinta
por ciento de lo que guardamos en el
armario. Rompa el ciclo de la moda rápida
comprando menos ropa, cuidando de la
que tiene, optando por prendas de segunda
mano y apoyando empresas éticas y locales
que empleen fibras naturales.

#240

Favorezca las marcas de ropa que se
comprometan con la filosofía de residuos cero.
Cuando le pregunten por la ropa que viste,
aproveche la ocasión para compartir información
sobre la necesidad de reducir el uso de plásticos
o limitar nuestra obsesión con la moda rápida.
¡Es activismo que se lleva puesto!

#241

Al dejar su ropa en una tintorería
ecológica que no utilice percloroetileno,
lleve consigo una bolsa reutilizable
para las prendas y pida que no le den un
envoltorio nuevo de plástico.

#242

Casi la totalidad –el 82 por ciento–
de la huella energética que deja una
prenda radica en el lavado y secado a
los que se someterá semanalmente, sin
siquiera tener en cuenta el agua utilizada.
Limpiar solo las manchas y girar las
prendas para que se aireen ayuda a
recortar los lavados a la mitad.

#243

La ropa libera microfibras al lavarla. Como
muchas lavadoras y plantas de tratamiento de
agua no son capaces de filtrarlas, estas llegan
a los cursos de agua. Las fibras naturales como
el algodón se descomponen, pero las sintéticas
como el poliéster (un tipo de plástico) no lo
hacen, por lo que contribuyen a la contaminación
por acumulación de plásticos.

#244

Las pinzas de tender de plástico se rompen con facilidad; una vez rotas, no se pueden reciclar y son difíciles de reparar. Opte por unas de acero inoxidable que sean reciclables al romperse si no permiten arreglo, o unas de madera, que podrán acabar en el cubo de compost.

#245

Elija manteles de tela para lavarlos y reutilizarlos en lugar de manteles de plástico de un solo uso.

#246

Los bebés y los niños crecen deprisa. En vez de comprarles ropa nueva, pida a familiares y amigos si tienen para pasársela o bien acuda a una tienda de segunda mano, y regale las prendas cuando les queden pequeñas a sus hijos. Haga lo mismo con las prendas premamá, que solo se visten unos meses.

#247

Prestar, compartir o comprar artículos de segunda mano ahorra dinero, aleja los productos del vertedero, evita la generación de más plástico, invierte en la economía circular y pone en valor el esfuerzo y recursos que se emplearon para fabricar las cosas.

#248

En lugar de comprar regalos para un recién nacido, concéntrese en el bienestar de los padres. Prepáreles comida que puedan congelar, cómpreles un bono para la limpieza de pañales de tela o un vale para un masaje, u ofrézcase para cuidar al bebé o limpiar la casa mientras ellos duermen o se duchan.

#249

Evite los chupetes de plástico y silicona y sustitúyalos por los de caucho. El caucho natural es biodegradable en el compost y procede de árboles que representan una fuente renovable.

#250

Los discos de lactancia reutilizables de algodón pueden lavarse a máquina y cuando ya no se necesiten se pueden pasar a otra madre lactante.

#251

Cuando se trate de donar los artículos del bebé, piense en las entidades que recogen cochecitos, cunas, juguetes y ropa para familias desfavorecidas. Pregunte a la enfermera de su centro de salud maternal si existe algún grupo específico en su zona.

#252

Convierta un tarro de cristal en un biberón simplemente acoplándole una tetina de Mason Bottle. Podrá seguir usándolo como tarro con su tapa original cuando su hijo deje de tomar biberón.

#253

En lugar de platos y tazas infantiles de plástico que pueden desconcharse al caer desde la trona, elíjalos de acero inoxidable o madera. El acero no se romperá y la madera puede compostarse, a diferencia de los accesorios de plástico, que no pueden reciclarse ni descomponerse.

#254

Inicie el destete al ritmo de su bebé, mediante el método de alimentación complementaria guiada por el bebé, en vez de optar por los purés presentados en envases flexibles o recipientes de un solo uso. La idea consiste en que el pequeño coma con las manos la misma comida que los demás para ir comprendiendo texturas y sabores. Encontrará información en guías y libros especializados, pero siempre consulte al pediatra antes de dar alimentos sólidos a su hijo.

#255

No es necesario destinar un contenedor
específico para los pañales sucios;
sirve igual un cubo de segunda mano.

#256

No se engañe pensando que las toallitas
húmedas y desmaquillantes van a
descomponerse al echarlas al váter. Más bien
son causa de atascos que cuestan millones
en tareas de mantenimiento del alcantarillado.

#257

Después de las bolsas de plástico, los pañales suelen ser el producto más contaminante en los contenedores de reciclaje. Los pañales de tela modernos han evolucionado mucho y son fáciles de usar y limpiar; los encontrará en una amplia gama de modelos divertidos.

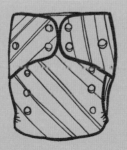

#258

Si se está planteando inclinarse por los pañales de tela pero no sabe cuáles elegir, opte por empezar con diferentes modelos para ir eligiendo los que mejor se adapten a usted y a su bebé.

#259

Las toallitas limpiadoras reutilizables, fabricadas con franela de algodón y humedecidas con agua, son una opción que no genera residuos y durará para usar con más de un bebé. Las toallitas de algodón también sirven para la limpieza de manos y cara.

#260

Si sustituye dos pañales desechables y seis toallitas desechables a la semana por pañales y toallitas de tela reutilizables, evitará enviar 104 pañales de un solo uso y 312 toallitas al vertedero cada año.

#261

Prepare comida sencilla para
las fiestas infantiles. Ofrezca a los niños
bocados que puedan comerse con las
manos mientras juegan con los amigos:
palomitas, magdalenas, salsas caseras
para mojar galletas saladas, bocadillos,
frutas y piruletas. Compre golosinas
en establecimientos que las vendan
a granel, sin envoltorios.

#262

Las bolsas de celebración de plástico llenas de golosinas y juguetitos envueltos en plástico pueden sustituirse por bolsas de papel llenas de golosinas caseras sin envoltorio o un arbolito para plantar. Si quiere ser más radical, regale a cada invitado un trozo de pastel en un recipiente confeccionado con papel de periódico. No tiene por qué repartir regalos, aunque lo hagan los demás.

#263

Evite los colorantes alimentarios envasados con plástico. Coloree sus pasteles con tintes naturales: rojo (zumo de remolacha), verde (espinacas o espirulina), naranja (zumo de zanahoria), azul (zumo de arándanos), amarillo (una pizca de cúrcuma disuelta en agua) y morado (zumo de moras frescas).

#264

Se pueden proponer juegos que no generen residuos, como el de las estatuas musicales o cubos llenos de agua y globos reutilizables; y ofrecer premios como ceras de colores o chocolate envueltos en papel.

#265

En lugar de comprar juguetes nuevos constantemente, investigue si existe una ludoteca en su zona. Puede ir a jugar con su hijo y limitar la acumulación de trastos en casa. Además, el niño aprende a cuidar los juguetes porque los comparte con otros niños.

#266

Salir al parque y entretenerse con los juegos infantiles instalados le ahorrará tener que comprar juegos de exterior y animará a la familia a salir de casa. Es también una oportunidad agradable de conectar con vecinos mientras se disfruta del aire libre.

#267

En vez de comprar un uniforme escolar nuevo, pregunte en el colegio si disponen de uniformes de segunda mano para vender.

#268

Evite forrar los libros
escolares con plástico
y use papel marrón.

#269

Elija recipientes para llevar el desayuno o el
almuerzo –para niños y adultos– hechos de acero
inoxidable u otro material resistente que dure
mucho. Los que tienen varios compartimentos
facilitan el transporte de alimentos diversos sin
envolver. No olvide mirar en las tiendas
de segunda mano e internet.

#270

Averigüe si los comercios de la zona
disponen de fiambreras tradicionales indias
(*tiffin*) o japonesas (*bento*). Las diversas culturas
ponen en práctica diversas soluciones libres de
plástico de las que podemos aprender.

#271

Proponga un reto de «comida desnuda»
para llevarlo a cabo en el colegio o en
el trabajo. Consiste en traer la comida
sin envoltorio de ningún tipo. El reto
puede durar un mes (Noviembre
al Desnudo) o designar un día a la
semana para empezar.

Al comprar una mochila escolar,
compruebe si tiene garantía para
repararla si aparece un agujero o se
estropea la cremallera.

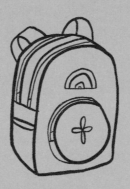

#273

Al final de cada curso, pida a los maestros del colegio que guarden el material sobrante para utilizarlo al año siguiente en vez de comprarlo nuevo.

#274

Fomente la afición en los niños por dar vida nueva a los objetos animándoles a inventar otros usos para las cosas que de otro modo acabarían en la basura.

#275

Invite a la familia a salir al parque, ir a la playa o pasear por un barrio de la ciudad. Señale la basura y formule preguntas como: ¿Qué les parecería recoger lo que ha tirado otra persona? ¿Hay alguna manera de evitar que la basura contamine el medioambiente? ¿Quién o qué podría sufrir los efectos de estos residuos?

#276

Evite abrumarse o presionar a la familia intentando cambiar las cosas rápidamente. Siga un ritmo que se adapte a su modo vida y procure que sea divertido.

#277

Ayude a los niños a comprender los efectos de los plásticos de un solo uso y los residuos con la ayuda de libros, películas, dibujos animados y programas televisivos. Visite una exposición o una feria medioambiental.

#278

Educar jóvenes ecoguerreros puede resultar difícil en ocasiones. Predique con el ejemplo y guíeles cariñosamente con acciones que les parezcan interesantes. Explique que procura usted hacer cambios no para complicarles la vida ahora, sino para que hereden un mundo mejor.

CUARTA PARTE

MÁS ALLÁ DEL CUBO DE LA BASURA: RESIDUOS EN EL MUNDO

#279

Priorice cafeterías y restaurantes
comprometidos con el consumo
de productos de producción local
y con la reducción de residuos
y plásticos.

#280

Pida a su cafetería habitual que se
plantee la posibilidad de ofrecer
descuentos a los clientes que traigan
sus propias tazas y recipientes.

Si se encuentra en una cafetería o
restaurante desconocidos, eche una ojeada
para comprobar qué artículos de plástico
de un solo uso utilizan, como sobrecitos
de plástico para el kétchup o la vinagreta.
Luego pida su comida sin estos productos.

Si cree que no va a necesitar la servilleta
de papel que le ofrecen en la cafetería,
no la coja. Devuelva también la que
le pongan bajo la taza de café. Puede
incluso llevar una de tela consigo.

MÁS ALLÁ

#283

Los utensilios, palillos y cucharillas
de madera de un solo uso que
acompañan la comida para llevar a
menudo se han tratado con calor y
no siempre son adecuados para el
compostaje industrial. Si dispone de un
contenedor para el compost en casa,
tírelos allí; si no, utilice los suyos o
pídalos de metal.

#284

En vez de cucharillas de plástico
para el café y para mezclar los cócteles,
opte por accesorios reutilizables como
una cuchara normal. En todo el mundo
se desechan más de 138 mil millones de
cucharillas de plástico al año. Eso es
mucho plástico inútil que llega
al vertedero.

#285

Cuando salga a comer, traiga consigo un
recipiente para poder llevarse las sobras a casa.

#286

Yo suelo llevar un estuche con mis cubiertos
y servilleta de tela cuando salgo a comer
para evitar los utensilios de plástico de usar
y tirar y las servilletas de papel.

#287

No caiga en la tentación de los
tentempiés con abundante envoltorio
y tráigaselos de casa: frutas, verduras
cortadas, frutos secos y bocadillos.

#288

¿Mastica usted plástico? La mayoría
de chicles comerciales contienen plástico.
Existen marcas que ofrecen goma de
mascar sin plástico, como Simply Gum,
Chewsy o True Gum, a base
de savia vegetal.

#289

Los días de calor evite la cucharilla
de plástico y el recipiente de un solo uso
para el helado: pida un cucurucho.

#290

Lleve consigo una botella de agua reutilizable y rellénela en las fuentes públicas en lugar de comprar agua embotellada en plástico.

#291

Si está de viaje, averigüe si existe un espacio de compostaje público donde pueda dejar sus restos de comida.

#292

Llévese los platos de pícnic al ir de
excursión o a un festival, para prescindir
de los recipientes de un solo uso en los que
sirven la comida para llevar.

#293

Evite las tazas de usar y tirar
utilizando la suya para tomar un
té, agua o vino en el avión, o en un
festival o mercado al aire libre.

#294

Envíe sugerencias a restaurantes y hoteles
sobre la manera de implementar pequeños
cambios para reducir sus residuos.

#295

Pregunte en su entorno para ver si alguien le puede prestar una nevera portátil, tienda de campaña o saco de dormir para ir de camping.

#296

El ecoturismo es la práctica de viajar de forma responsable con intención de dejar una mínima huella medioambiental con las decisiones que se toman.

#297

Un pasajero de avión genera de
promedio 500 g (1 lb 2 oz) de residuos
por vuelo. De modo que dos viajes
de ida y vuelta al año suman
2 kg (4 lb 6 oz) de basura.

#298

Lleve consigo cubiertos de madera o
cubiertos permitidos por la normativa
aérea para evitar a bordo el uso de los
desechables. Métalos en una funda
específica, un antiguo estuche escolar
o envueltos en un trapo de cocina atado
con una goma de caucho.

#299

Llame antes para preguntar si su aerolínea puede rellenar su botella de agua a bordo, ya que no siempre se ofrece esta opción. Su pregunta podría ayudar a que se cambie la política en el futuro e incluso se prescinda de botellas y vasos desechables.

#300

Intente cancelar su comida a bordo. Prepárese unas frutas, hortalizas y bocadillos que pueda tomar incluso al llegar a su destino.

#301

Procure llevar solo equipaje de cabina cuando viaje en avión. Cuanto más peso carga el avión, más combustible gasta. Además, el equipaje de mano no precisa los adhesivos para identificar maletas, que están forrados con material BPA no reciclable. No olvide optar también por tarjetas de embarque digitales en lugar de las de papel con BPA.

#302

Al llevar su propia almohada hinchable, auriculares y un pañuelo grande, se ahorrará el uso de la manta y accesorios envueltos en plástico que reparten a bordo.

#303

Conserve los frascos pequeños para rellenarlos
con productos de baño cuando viaje
en lugar de comprarlos nuevos cada vez.

#304

Utilice un viejo gorro de ducha
como funda para sus zapatos
al hacer la maleta.

#305

En vez de comprar recuerdos
para todos, plantéese
enviar una postal.

#306

Cuando vaya de vacaciones, llévese una cuerda larga para tender la ropa y un poco de jabón para lavar las prendas y evitar las bolsas de plástico del servicio de lavandería del hotel.

#307

Cuando viaje al extranjero a zonas sin agua potable, consulte a los hoteles si ofrecen la posibilidad de rellenar cantimploras de agua o pregunte a los habitantes del lugar dónde encontrar agua potable. Otra opción son los productos potabilizadores como SteriPen.

#308

Los mercados de comida son sitios pintorescos donde encontrar alimentos locales cuando se viaja. También se puede comprar comida sin envasar, apoyando los pequeños comercios y la agricultura del lugar.

#309

Busque ecoblogueros de la zona que va a visitar. Son una buena fuente de información para descubrir las ecojoyas escondidas de cada ciudad o población, y pueden incluso enseñarle a pedir su bebida «sin pajita» en el idioma local.

#310

Procure no desanimarse si genera
más residuos al viajar. Mañana es otro día
y podrá volver a probar.

#311

No sea tímido, pregunte y tome
nota de las ecoiniciativas que
se ponen en práctica en una
ciudad, provincia o país para
compartirlas al regresar a casa.

Organice un equipo verde en el colegio o lugar de trabajo para ayudar a provocar cambios. Podrían empezar colaborando para instalar un sistema de compostaje o reducir la cantidad de plásticos de un solo uso.

#313

Ya que pasamos gran parte del día en el trabajo, pregunte si puede montar un sistema de compostaje, vermicultura o *bokashi* en la oficina.

#314

Proponga una salida para limpiar basura de una playa o un río para el próximo evento laboral. Organícelo usted mismo o póngase en contacto con un grupo medioambiental de la zona. Es siempre una buena manera de concienciar sobre el abuso de envoltorios y mantener limpios los cursos de agua.

#315

Monte una «tazateca» en la cafetería
del trabajo para animar a sus colegas
a evitar el uso de tazas desechables
en la oficina o al salir a tomar
una bebida caliente.

#316

Organice un almuerzo de residuos
cero en el trabajo pidiendo a todos
que traigan comida no envasada.
Así se demuestra que la reducción
de residuos puede ser fácil.

#317

Sugiera que la empresa compre
té suelto, cápsulas de café
reutilizables, azúcar y jabón
lavavajillas a granel en lugar de
té en bolsitas, cápsulas de café
desechables, sobrecitos de azúcar
y lavavajillas en envase plástico.

UN RECIPIENTE
TRAÍDO DE CASA

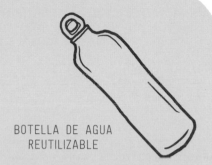

BOTELLA DE AGUA
REUTILIZABLE

#318

Disponga de utensilios en la oficina
por si un día pide comida para comerla allí.
También puede sentarse a disfrutar del
almuerzo en el establecimiento utilizando
sus cubiertos y una taza de la oficina si
quiere el café para llevar.

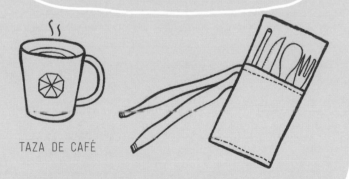

TAZA DE CAFÉ

ESTUCHE DE CUBIERTOS

#319

Plantéese cambiar el mensaje con el que firma su correo electrónico para incluir un mensaje relacionado con el objetivo de reducción de residuos y un consejo para rechazar, reducir y reutilizar.

#320

Compruebe el contenido del armario de material de oficina antes de comprar material nuevo de forma automática. Es posible que todavía queden grapas, bolígrafos y carpetas.

#321

En lugar de adquirir material de papelería individual, comparta accesorios de oficina como sacapuntas, reglas, taladradoras y dispensador de cinta adhesiva, y sustituya la cinta adhesiva plástica por la de papel.

#322

Aconseje imprimir por las dos caras de las hojas; así se ahorra dinero, tinta y papel.

#323

Busque carpetas de segunda mano o elija las que son solo de cartón sin forro de vinilo.

#324

Los bolígrafos, lápices y rotuladores usados y rotos se pueden reciclar a través de TerraCycle. Visite el sitio web para averiguar dónde depositarlos.

Si necesita bolígrafos nuevos en casa, tal vez
podría preguntar a familiares y amigos si tienen
de sobra, o adquirir lápices de madera. También
existen portaminas, y bolígrafos, marcadores
y rotuladores para papel o pizarra de tinta
rellenable, e incluso rotuladores fluorescentes
libres de plástico con aspecto de lápices.

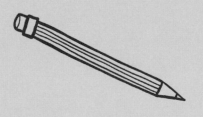

#326

Enseñe a sus compañeros de oficina a forrar la papelera con periódicos viejos para evitar el uso de bolsas de plástico.

#327

Cambie las grapas por clips sujetapapeles y use papel reciclado en lugar de notas adhesivas en casa y en el trabajo. Los clips pueden utilizarse repetidamente.

#328

Ahora que existen listines telefónicos en línea, ya no hace falta renovarlos en papel cada año.

#329

Si está montando una oficina nueva,
opte por escritorios y sillas
de segunda mano o de alquiler.

#330

Sitúe la papelera junto a su escritorio
en un lugar visible para ayudarle
a reflexionar sobre lo que tira en ella.

#331

Si su oficina está ahorrando dinero
gracias a la reducción de residuos,
plantee donar este dinero a proyectos
comunitarios que precisen fondos.

#332

La palabra *activismo*, que acostumbra a relacionarse con grandes manifestaciones, puede polarizar a las personas. Pero el activismo también es hacer arte o artesanía, escribir cartas, devolver envoltorios, compartir una foto en las redes sociales, firmar una petición, ponerse una camiseta o reparar objetos. El activismo es simplemente una persona que actúa fiel a su visión del mundo.

#333

Inicie un club de lectura con sus amigos cuyo tema sea la sostenibilidad medioambiental. Elijan libros de la biblioteca, o en lugar de leer todos el mismo libro cada mes, lean diferentes libros sobre el mismo tema (e intercámbienselos).

#334

Los plásticos biodegradables y los
bioplásticos fomentan la mentalidad
de comprar, usar y tirar que necesitamos
erradicar. Evítelos en la medida de lo posible
y sustitúyalos por soluciones reutilizables.

#335

Si encuentra basura en el suelo,
recójala. Tal vez no sea suya, pero la
acción no solo ayuda a evitar que el
plástico y otros materiales contaminen
y dañen el medioambiente, sino
que además ejercerá de modelo que
pueden seguir para otros.

#336

La próxima vez que salga a correr,
pruebe el *plogging*: recoger basura
mientras se hace ejercicio.

#337

Si bien las acciones individuales
son importantes, la forma más rápida
de impulsar el cambio es a través de la
legislación. Pida una reunión con sus
representantes locales o municipales
para discutir sobre los problemas y
soluciones de la contaminación.

#338

Únase o inicie una campaña para
frenar el uso de bolsas de plástico
en su población, provincia o
país. Existen muchas en todo
el mundo que le ofrecerán
información e inspiración.

#339

De forma colectiva tenemos la
capacidad de decidir la manera en que
se envuelven y presentan los productos
que adquirimos, de qué materiales
están hechos, de dónde vienen y las
condiciones de su fabricación.

#340

Una carta manuscrita a una empresa y
su junta directiva es una manera de dar
voz a sus opiniones y sugerencias. Una
carta personalizada no tiene por qué
ser larga ni emplear un tono agresivo;
escriba una carta corta, explique los
hechos y comparta sus ideas para que la
empresa mejore sus prácticas. Incluya
una dirección para que le respondan.

#341

¡Cuidado con el denominado ecoblanqueamiento! Se da cuando las empresas afirman que sus productos son respetuosos con el medioambiente haciendo uso de palabras como «eco», «verde» y «natural» para describirlos con el fin de convencer a los clientes de que realizan una compra sostenible.

#342

No es solo responsabilidad del consumidor averiguar si un envoltorio se puede reciclar. En lugar de devolver un embalaje excesivo a la empresa, infórmele de lo que puede mejorar y de por qué también es responsabilidad suya. No somos meros consumidores, también somos ciudadanos.

#343

Comparta su historia y
habilidades para reducir residuos
con su entorno. Su experiencia
podría inspirar a alguien para
que utilice menos envoltorios
o empiece a compostar.

#344

Internet ha hecho posible que nos
conectemos y compartamos nuestras
voces; aproveche la tecnología para
firmar y compartir peticiones en línea
o cree una campaña con una etiqueta
tipo #miciudadsinresiduosdecomida.

#345

El fotoperiodista James Wakibia diseñó una campaña a favor de la prohibición de las bolsas de plástico. Cada día fotografiaba a keniatas con la etiqueta #IsupportbanplasticsKE y animaba a otros a utilizar la misma etiqueta. Kenya prohibió las bolsas de plástico para uso doméstico y comercial en 2017.

#346

Existe un número creciente de grupos, como Boomerang Bags en Australia o Boomerang Bags Ames en Galicia, que cosen y reparten bolsas de tela en las tiendas. Visite su sitio web para inspirarse y poner en marcha una iniciativa similar en su zona.

#347

Use el arte (artivismo), la artesanía (craftivismo)
o la música para alertar sobre la contaminación
por plástico y compartir soluciones.

#348

Pregunte en su ayuntamiento
si existe una junta o comité de
asesoramiento medioambiental al que
pueda añadirse para ayudar a guiar a
su comunidad hacia el cambio.

#349

Cada vez hay más sitios web y
aplicaciones que permiten comprar
en línea artículos de segunda mano:
eBay, Wallapop, Vibbo, Milanuncios,
Facebook Marketplace y muchas más.

Forme un grupo de Facebook en su municipio o busque «residuos cero» para comprobar si existe uno. Podrá utilizar el espacio para compartir qué negocios de la zona apoyan el estilo de vida de residuos cero, ofrecer consejos para vivir con menos plástico, y conectar con otras personas de su comunidad.

#351

Asóciese y ofrézcase para colaborar con un partido político que comparta sus opiniones. Quizás ello le inspire y un día se presente como candidato.

#352

Alquile una sala o pida un espacio al centro cívico o la biblioteca de su barrio para montar una noche de cine. Los documentales sobre ecología son una buena manera de difundir el mensaje. Anime a los asistentes a traer comida sin envasar de casa y comentar la película después del pase. Algunas de éxito son *The Clean Bin Project*, *A Plastic Ocean* y *Bag It*.

#353

Monte un puesto en un mercado y dedíquese a compartir ideas sobre los pequeños cambios que todos podemos realizar para reducir nuestros residuos. Lleve consigo algunos de sus productos caseros de limpieza y belleza para mostrar lo que se puede hacer en casa.

#354

Ponga un cartel de «No se admite correo comercial, gracias» en su buzón para que los repartidores de publicidad sepan que no desea usted acumular montones de correo basura. Los folletos se pueden reciclar, pero sigue siendo un despilfarro de papel.

#355

Recorte los envíos que recibe en el buzón eliminando su dirección de listas de correo, y opte por las facturas digitales vía correo electrónico.

#356

Cada producto que llega a nuestras vidas tiene un historial que suele iniciarse muy lejos e implica a personas, animales, agua y recursos finitos. Apoye a las empresas que cuidan del bienestar de todos ellos.

#357

Deténgase a pensar adónde va a parar su dinero. Nuestros euros son un voto que definirá el mundo que dejaremos a la siguiente generación.

#358

Elegir productos de proximidad no solo disminuye las emisiones de los combustibles necesarios para el transporte, sino que crea empleo en la zona y mejora las especializaciones y el conocimiento. Además, es más fácil averiguar si se trata como es debido a las personas que fabrican estos artículos.

#359

Vincule sus valores con su dinero y cambie de banco y fondo de pensiones por uno que priorice las inversiones éticas y vele por la protección del medioambiente.

#360

Disfrute de las nuevas habilidades
que está aprendiendo y plantéese
compartirlas con su comunidad.

#361

Ponerse en contacto con otras personas
que también se esfuercen para reducir
residuos, ya sea en línea o en persona,
es una buena manera de seguir
motivado y compartir consejos.

#362

Busque momentos para disfrutar
de la naturaleza con familiares y amigos,
de este modo recordará lo que está intentando
proteger para la próxima generación.

#363

No olvide celebrar los cambios que ha implementado para reducir residuos en casa y fuera. Está usted inspirando a más personas de las que cree.

#364

¡Enorgullézcase de sus logros! Se trata de un esfuerzo colectivo y su parte es importante.

#365

Hay más de 365 maneras de reducir nuestros residuos. Utilice estas líneas en blanco para anotar aspectos pendientes, consejos aprendidos o preguntas para formular.

ACERCA DE ESTE LIBRO

Se ha procurado que este libro fuera un proyecto que generase pocos residuos. El proceso editorial y de diseño se llevaron a cabo casi por completo en pantalla, y solo se enviaron copias para su revisión electrónicamente. La totalidad del libro está imprimido en materiales con el certificado Forest Stewardship Council (FSC). FSC es el máximo nivel de certificación forestal y el único que forma parte de la Alianza ISEAL, la asociación global de estándares de sostenibilidad. El papel se ha cortado antes de imprimirlo con el fin de reducir las mermas. La propia impresión se ha realizado con tintas a base de soja, que son más sostenibles y producen menos compuestos orgánicos volátiles (VOC) que las alternativas con base de petróleo, y facilita el reciclaje final del papel. El exceso de papel, plástico, madera y metal (como las planchas de impresión) producidas durante el proceso de impresión se reciclarán, así como los restos de inventario (¡ojalá no los haya!).

ACERCA DE LA AUTORA

Erin Rhoads escribe sobre su viaje hacia los residuos cero desde 2013. Su blog, The Rogue Ginger, enseguida se convirtió en uno de los sitios web sobre estilo de vida sostenible más populares en Australia, y es ahora una destacada comentarista sobre el tema de reducción de residuos. Reparte su tiempo entre el asesoramiento de empresas sobre la reducción de residuos, talleres sobre habilidades e ideas para reducir los desechos, charlas para niños y adultos por toda Australia, y participando en grupos de acción medioambiental.

Fue asesora del programa australiano *War on Waste* y es colaboradora habitual de ABC Radio. Ha aparecido en BBC World, *The Project, Sunrise, The Age, The Guardian, The Australian Women's Weekly, Marie Claire*, la revista *Peppermint* y muchos otros medios.

Vive en Melbourne, Australia, con su esposo e hijo. *Residuo cero* es su segundo libro.

La edición original de esta obra ha sido publicada en el Reino Unido en 2019 por
Hardie Grant Books, sello editorial de Hardie Grant Publishing, con el título

Waste Not Everyday

Traducción del inglés: Gemma Fors

Copyright © de la edición española, Cinco Tintas, S.L., 2020
Copyright © del texto, Erin Rhoads, 2019
Copyright © de las ilustraciones, Grace West, 2019
Copyright © de la edición original, Hardie Grant Books, 2019

Diagonal, 402 – 08037 Barcelona
www.cincotintas.com

Primera edición: octubre de 2020

Impreso en China
Depósito legal: B 8927-2020
Códigos Thema: RN | RNU (Medioambiente y sostenibilidad)

ISBN 978-84-16407-89-7

El papel para la impresión del presente libro está certificado
según los estándares del Forest Stewardship Council®.
El FSC promueve la gestión responsable de los bosques
teniendo en cuenta la salud del medioambiente, el beneficio
social y la viabilidad económica de dicha gestión.